U0383443

节气歌

春雨惊春清谷天，
夏满芒夏暑相连，
秋处露秋寒霜降，
冬雪雪冬小大寒。
上半年逢六、廿一，
下半年逢八、廿三，
每月两节不变更，
最多相差一两天。

扫码获取
免费音频资源
（节气歌+古诗词）

讲给孩子的二十四节气

夏

刘兴诗 / 文　　段张取艺 / 绘

長江出版傳媒
长江少年儿童出版社

鄂新登字04号
图书在版编目（CIP）数据
讲给孩子的二十四节气．夏 / 刘兴诗著；段张取艺绘．— 武汉：长江少年儿童出版社，2018.6
ISBN 978-7-5560-8162-2
Ⅰ．①讲… Ⅱ．①刘… ②段… Ⅲ．①二十四节气—儿童读物 Ⅳ．① P462-49
中国版本图书馆 CIP 数据核字 (2018) 第 066631 号

讲给孩子的二十四节气·夏

刘兴诗 / 文　段张取艺 / 绘
出品人：李旭东
策划：周祥雄 柯尊文 胡星　责任编辑：胡星 熊利辉 陈晓蔓
美术设计：程竞存　插图绘制：段张取艺　冯茜　周祺翱
合唱：微光室内合唱团　童声歌曲：钟锦怡　童声朗读：刘浩宇 李辰阳 马忆晨 张若夕 王雨涵 王熙睿　指导老师：熊良华
出版发行：长江少年儿童出版社
网址：www.cjcbg.com　邮箱：cjcpg_cp@163.com
印刷：湖北恒泰印务有限公司　经销：新华书店湖北发行所
开本：16开　印张：3　规格：889毫米×1194毫米　印数：27001-32000册
印次：2018年6月第1版，2020年3月第5次印刷　书号：ISBN 978-7-5560-8162-2
定价：30.00元

立夏

春姑娘离开了，夏妹妹来了。准备好扇子，一天天热了。

夏天，夏天，成长的季节。

夏天，夏天，一个火辣辣的季节。

关于立夏

立夏是“四月节”，农历二十四节气中的第七个节气。此时太阳运行到黄经45° 。时间点在5月5日至7日，也就是“三夏”中的孟夏开始的时候。立夏标志着中国传统的夏季开始。这时候温度明显升高，雷雨多了，火热的夏天将要来临。如果说春是“生”的季节，夏就是“长”的季节。到了立夏时节，自然界的植物开始疯长，农作物也进入生长的旺盛期，农业生产进入大忙季节。

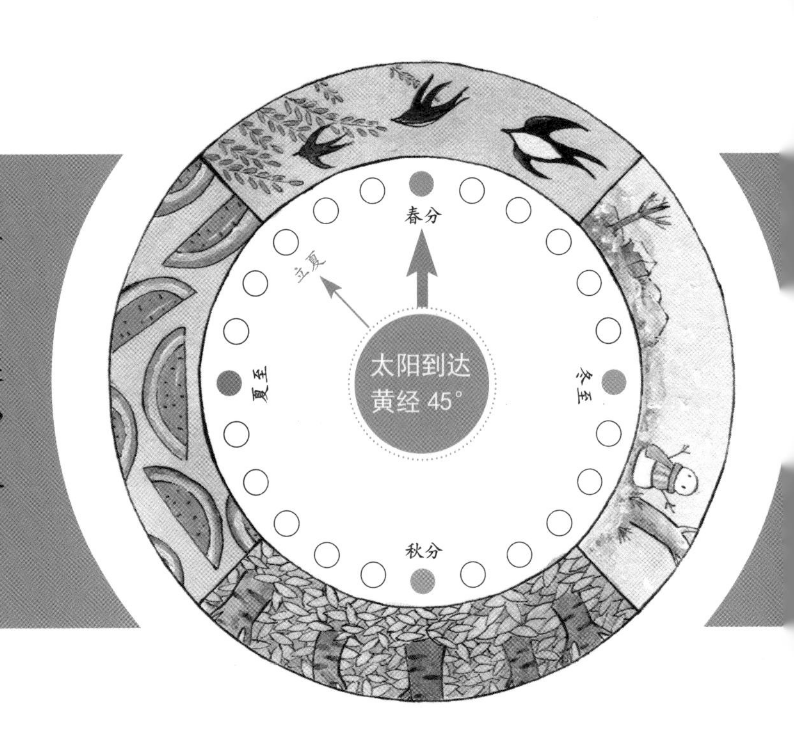

『立夏三候』

初候　蝼蝈鸣

蝼蝈是蟋蟀的亲戚，又叫拉拉蛄、土狗崽，是一种喜欢在田间活动的昆虫，立夏时节开始鸣叫（求偶）。

二候　蚯蚓出

蚯蚓生活在阴暗潮湿的土壤中，当地下温度持续升高，它也不耐烦了，从泥土里钻出来凑凑热闹。

三候　王瓜生

王瓜是一种药用爬藤植物，在立夏时节快速攀爬生长，在六七月间还会结出红色的果实。

『节气散文诗』

立夏时节是什么样子？请看南宋诗人杨万里的诗：

小池

泉眼无声惜细流，树阴照水爱晴柔。

小荷才露尖尖角，早有蜻蜓立上头。

你看，池塘里的荷花悄悄冒出尖儿了。白昼变长了，梅子熟了，绿茵茵的芭蕉成长起来，呈现一幅生动的立夏风光。

这一天，全国都进入夏天了吗？

没有。中国地域广阔，各地气候差别可大了。

生活在华北地区的孩子说：我们刚刚瞧见夏妹妹的面孔，有了一些热的感觉，可还有一些春天的尾巴。

生活在华南地区的孩子说：这儿已经很热了，是不折不扣的夏天。

生活在东北和西北地区的孩子说：不，我们这里还停留在春天，夏天的热气还没有传过来呢。

不管怎么说，立夏这一天拉开了夏季的序幕，天气从此一天天热了。

『立夏植物』

虞美人起舞

樱桃红熟

芭蕉澄碧

农业生产活动

立夏时节，天气一下子热了起来，但是北方和南方的情况有很大不同。

北方热得快，下雨却不多，加上蒸发强烈，农作物的生长受到严重影响，所以要及时浇灌。南方的江南一带进入雨季，连绵不断的雨水也会对农作物造成不利影响，还会引起各种病害，所以必须注意喷药防治。

这时候，冬小麦扬花灌浆，油菜快要成熟，夏收作物进入生长的最后阶段。水稻栽插也进入大忙季节。所以古代非常注重这个节气，皇帝在这一天要带领文武百官出城“迎夏”，督促各地农民抓紧时机好好管理庄稼。

古代迎夏仪式

谚语

- 立夏不热，五谷不结。
- 立夏无雷声，粮食少几升。
- 立夏日晴，必有旱情。
- 立夏蛇出洞，准备快防洪。

传统习俗

吃蛋、斗蛋

民间立夏有吃蛋、挂蛋和斗蛋的习俗。民间相传立夏吃蛋拄心。因为蛋形如心，人们认为吃了蛋就能使心气精神不受亏损。立夏以后便是炎炎夏天，为了不使身体在炎夏中亏损消瘦，应该进补。这一天，家家户户煮好囫囵蛋，用冷水把蛋浸上数分钟之后，再套上早已编织好的丝网袋，挂在孩子脖子上。孩子们便三五成群，进行斗蛋游戏。

斗蛋游戏：1. 蛋头胜者为第一，蛋称大王；蛋尾胜者为第二，蛋称小王或二王。2. 斗蛋时，蛋头斗蛋头，蛋尾击蛋尾。一个一个斗过去，破者认输。3. 蛋分两端，尖者为头，圆者为尾。

吃“立夏饭”

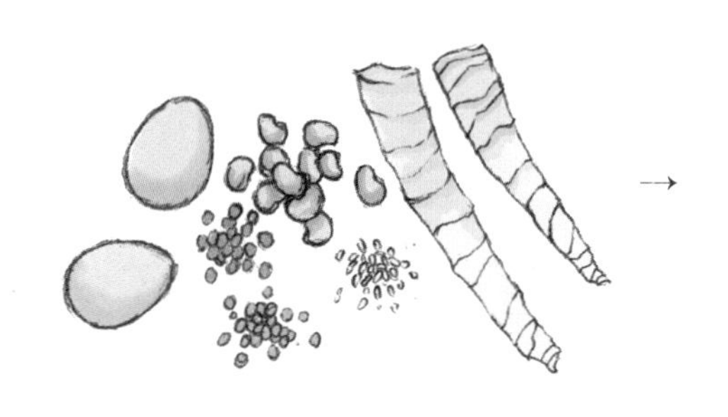

鸡蛋、糯米、红豆、蚕豆、笋子等

→

“立夏饭”

立夏这一天，许多地方用黄豆、绿豆、红豆等煮一锅“立夏饭”，全家老少欢欢喜喜吃一顿。南方的“立夏饭”都用糯米做原料，还加上煮鸡蛋、笋子、豌豆荚等特色菜肴。蛋成对、笋成双，祈祷无灾无病。

节气故事会

『称阿斗的故事』

1. 相传孟获归顺蜀国后，对诸葛亮言听计从。诸葛亮临终嘱托孟获每年要来看望蜀主阿斗。诸葛亮嘱托之日，正好是立夏，孟获当即去拜访阿斗。从此以后，每年立夏日孟获都会来蜀拜望。

2. 后来蜀国被魏国灭掉，阿斗被掳走。孟获不忘诸葛亮嘱托，每年立夏带兵去洛阳看望阿斗，并称一称阿斗的体重，以验证阿斗是否被亏待。

3. 孟获扬言，如果亏待阿斗，他就要起兵反晋（当时，魏已被晋取代）。晋武帝害怕，就在每年立夏日，用糯米加豌豆煮成香喷喷的饭给阿斗吃。贪吃的阿斗拼命吃饭，长得白白胖胖的。孟获进城称人，每次称得的体重都比上年重几斤。

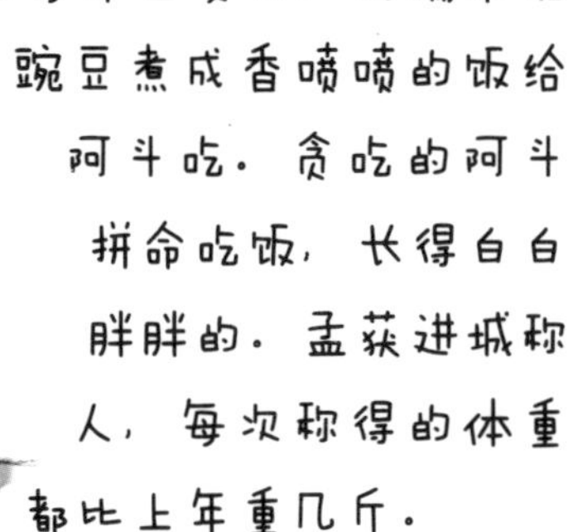

4. 阿斗虽然没有什么本领，但有孟获立夏称人之举，晋武帝也不敢欺侮他，日子过得清静安乐。因此，“立夏称人”的习俗一直流传下来。

小满

春风吹，苦菜长，荒滩野地是粮仓。

一颗颗麦粒有一些饱满了，可还没有成熟呢。

眼看田里的庄稼快要有好收成了，人人都欢喜。

关于小满

小满是“四月中”，农历二十四节气中的第八个节气。此时太阳运行到黄经60° 。时间点在5月20日至22日，这时候处在“三夏”的孟夏阶段。古人说：“斗指甲为小满。”在北方，麦类等夏熟作物的籽粒开始灌浆饱满，但还未成熟，处在乳熟后期，所以叫小满。在南方，“小满”反映了降雨多、雨量大的气候特征。从气候特征来看，在小满节气到芒种节气期间，全国各地陆续进入夏季，农事活动处于繁忙的阶段。

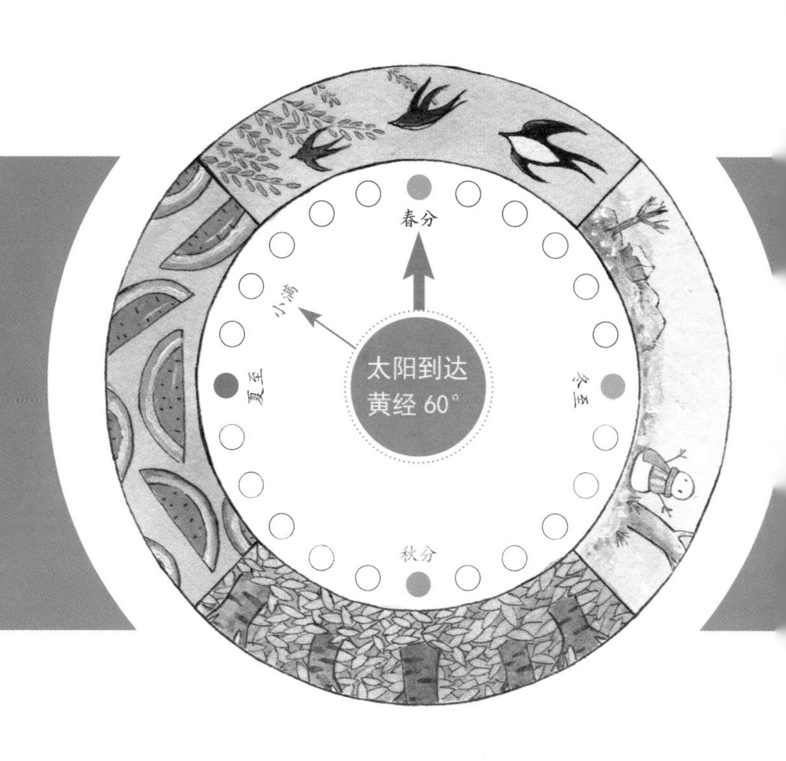

『小满三候』

初候　苦菜秀

苦菜是一种常见的野菜，有抗菌解热等药用功效。立夏时节，它已经长得十分茂盛了，人们纷纷去野外采来食用。

二候　靡草死

这时候天气变得很热，田野里的喜阴小草会被晒死。“靡草死”正是小满节气气温升高的标志。

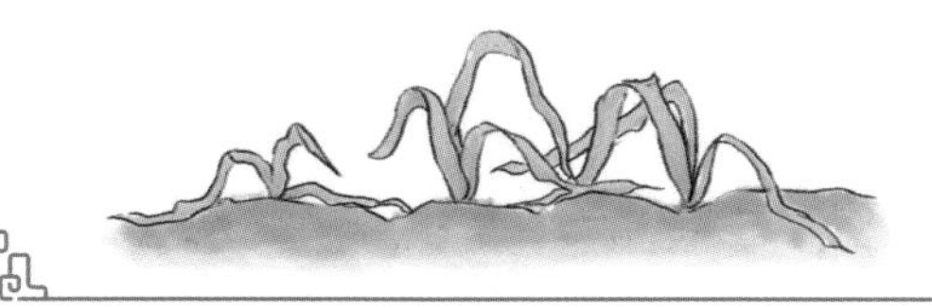

三候　麦秋至

这里的“秋”，是指百谷成熟之时。虽然时间还是夏季，但麦子到了成熟的“秋”，所以叫“麦秋至”。

『节气散文诗』

小满时节是什么样子？请看北宋文学家欧阳修的诗：

归田园四时乐春夏二首（其二，节选）

南风原头吹百草，草木丛深茅舍小。
麦穗初齐稚子娇，桑叶正肥蚕食饱。
老翁但喜岁年熟，饷妇安知时节好。
野棠梨密啼晚莺，海石榴红啭山鸟。

你看，一阵阵暖风吹过原野，草呀，树呀，都茂盛生长，青青的桑叶正好喂蚕宝宝。田野里的麦穗有一些鼓胀胀的，开始灌浆饱满了。一群群欢乐的野鸟拍着翅膀跳呀，唱呀，在小树林里飞来飞去。

欧阳修的另一首诗《小满》，表达自己在这个时节的心情："夜莺啼绿柳，皓月醒长空。最爱垄头麦，迎风笑落红。"

这时候，人们心里最惦念的是什么？就是田野里一片沉甸甸、快要成熟的麦子呀！是啊！粮食是生活的根本，谁不惦念田里的庄稼长得好好的呢？

『小满植物』

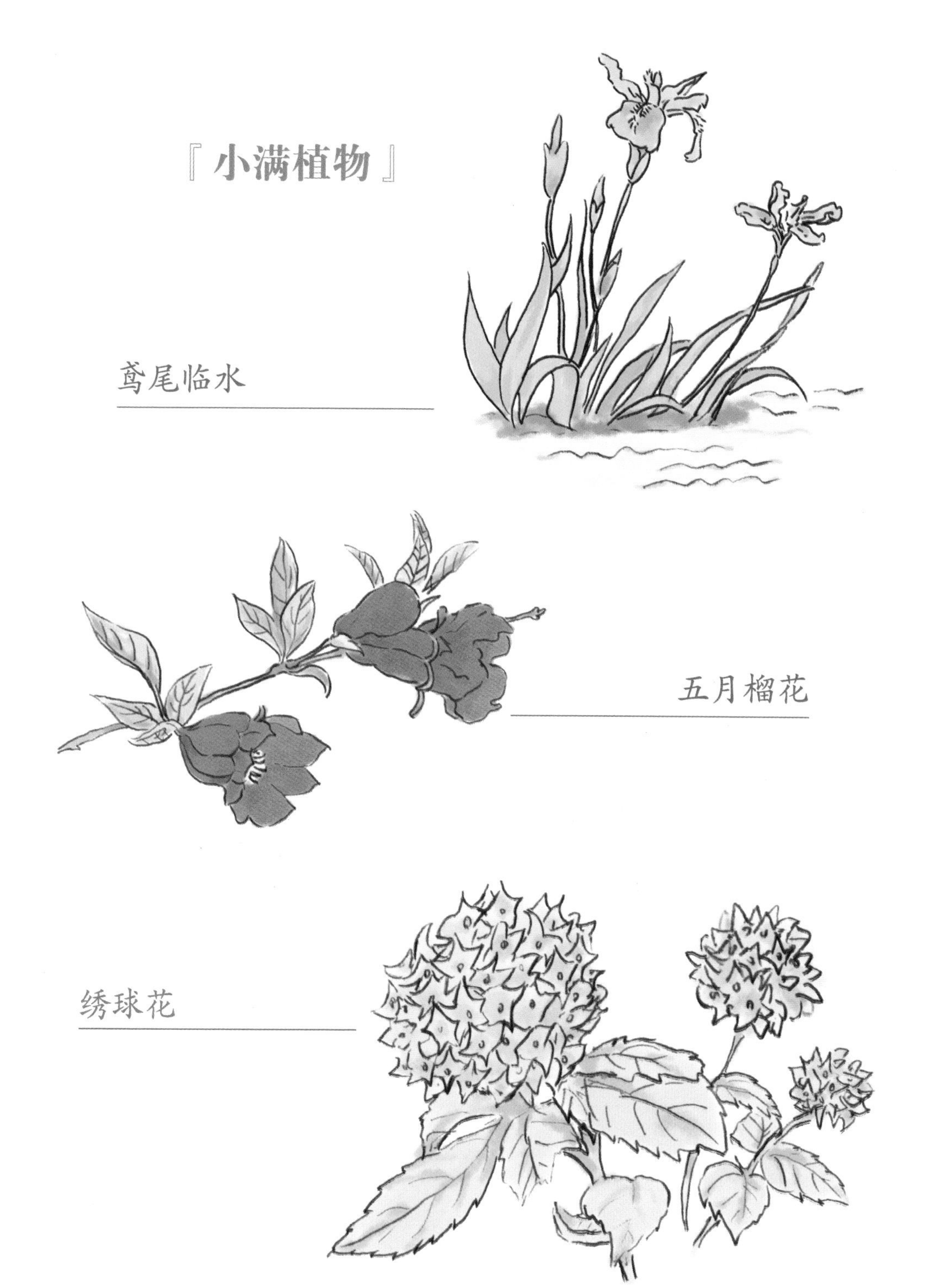

农业生产活动

小满时节，中国大部分地区相继进入夏季，南北温差进一步缩小，降水进一步增多，小麦的籽粒逐渐饱满，夏收作物已接近成熟，春播作物生长旺盛，进入农事大忙时期。

这时候，北方一定要注意麦田虫害的防治，同时还应采取一些有效的防风措施，预防干热风和突如其来的雷雨大风的袭击。在温暖的南方，春播作物生长旺盛，应该做好春播作物的田间管理，秋收作物播种也要开始了。

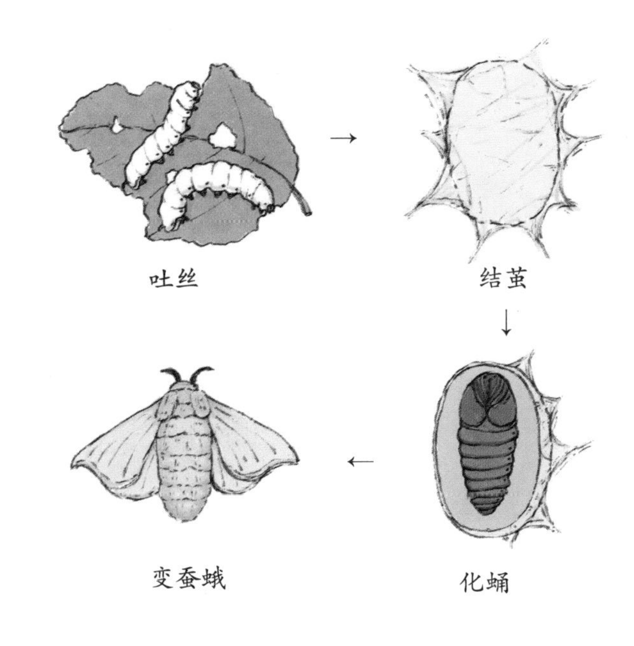

蚕的生长变化过程

谚语

· 大麦不过小满，小麦不过芒种。

· 过了小满十日种，十日不种一场空。

· 小满割不得，芒种割不及。

· 小满前后，种瓜种豆。

传统习俗

祭蚕神

相传小满为蚕神诞辰，因此江浙一带在小满节气期间有一个祈蚕节。蚕是娇养的“宠物”，很难养活，古人把蚕视作“天物”。为了祈求“天物”的宽恕，获得好收成，养蚕的人家都要在这一天祭祀蚕神，祈求蚕茧丰收。

动三车

“三车”指水车、油车和丝车。这个季节，农田庄稼需要充足的水分，农民们便忙着踏水车翻水；小满是油菜籽丰收的季节，人们忙着用油车榨出清香四溢的菜籽油；小满前后，蚕开始结茧，养蚕人家忙着摇动丝车缫丝。这就是小满“动三车”。

吃野菜

人们说：“春风吹，苦菜长，荒滩野地是粮仓。” 苦菜是中国人最早食用的野菜之一。小满时节，苦菜、人参菜、刺儿菜等野菜已经长得很好了，吃起来新鲜爽口、清凉嫩香，营养丰富，对人的健康有很大的好处。

节气故事会

『马头娘的故事』

1. 传说在远古时期，有一户人家只有父亲和一个聪明美丽的女儿，还有一匹白马。这匹马不仅非常健壮，可以日行千里，而且会动脑筋，能够听懂人话。

2. 有一次，父亲出远门了，好久好久还没回来。姑娘非常思念父亲，立誓如果谁能把父亲找回来，就以身相许。家中的白马听到这些话后，飞奔出门，没过几天就把父亲接了回来。

3. 父亲非常感谢白马，对它悉心照料。但是人和马怎能结亲？父亲为了女儿，就把白马杀死了，还把马皮剥下来晾在院子里。不料有一天，马皮突然飞起将姑娘卷走了。

4. 后来，人们发现姑娘和马皮悬在一棵大树上，他们化为了蚕。身披马皮的姑娘被供奉为蚕神，因为蚕头像马，所以她又被叫作“马头娘”。

芒种

田里的麦子成熟了，晚季作物得抢种了。
农忙时节，时间非常紧张，一点儿也马虎不得。
江南梅雨滴滴答答。这是梅雨，还是霉雨，请你自己拿主意吧。

关于芒种

芒种是“五月节”，农历二十四节气中的第九个节气。此时太阳运行到黄经 75° 。时间点在 6 月 5 日至 7 日，即“三夏”中的仲夏开始的时候。“芒种”的字面意思是“有芒的麦子快收，有芒的稻子可种”。芒种节气到来，预示着农民开始了忙碌的田间生活。这时候雨量充沛，气温显著升高，长江中下游地区将进入多雨的黄梅时节，空气潮湿，天气闷热，应当注意预防物品的霉变发生。

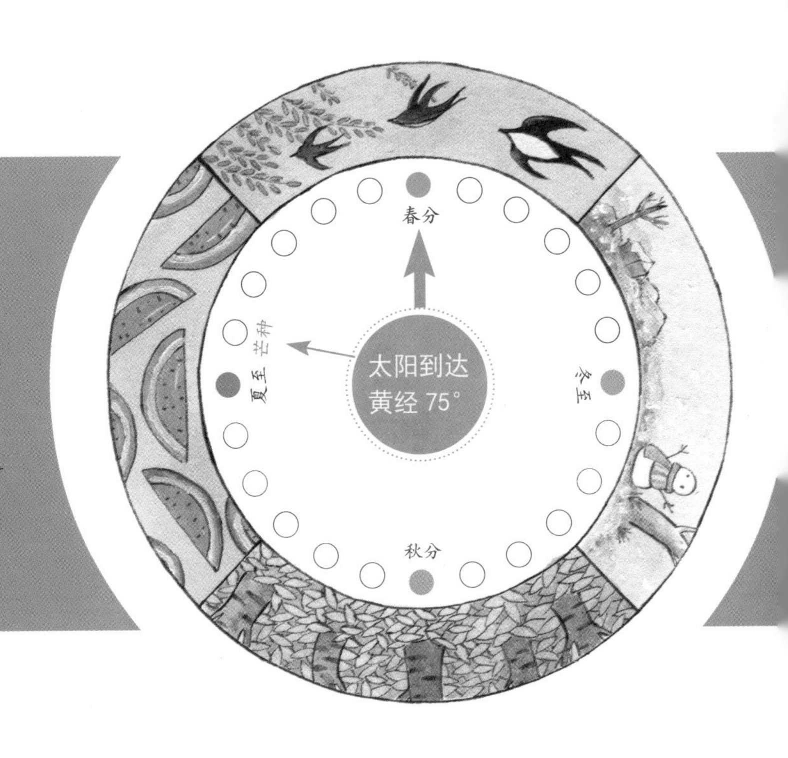

『芒种三候』

初候　螳螂生

螳螂在头一年深秋产下的卵，到芒种时节破壳生出小螳螂。螳螂是农业害虫的重要天敌，是人类的好朋友。

二候　鵙始鸣

鵙指伯劳鸟，是一种小型猛禽，喜欢捕捉昆虫、小鸟和鼠类等。芒种时节，它出现在枝头，开始鸣叫。

三候　反舌无声

反舌是一种能够模仿其他鸟鸣叫的鸟，春天是它鸣叫最活跃的时候，到了芒种时节，它因感应到气候的变化而停止鸣叫。

『节气散文诗』

“芒种”是什么意思？“芒种”就是“忙种”呀！这个“种”字有“种子”“播种”双重含义，另一个“芒”字也有“锋芒”的“芒”、“繁忙”的“忙”双重意思。

这时候到底有多忙？田野里是什么景象？

请看南宋诗人陆游的一首诗：

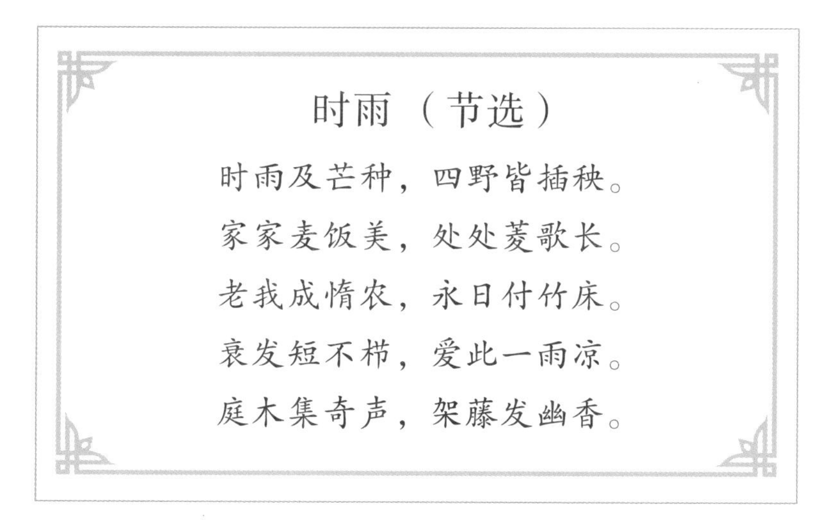

时雨（节选）

时雨及芒种，四野皆插秧。
家家麦饭美，处处菱歌长。
老我成惰农，永日付竹床。
衰发短不栉，爱此一雨凉。
庭木集奇声，架藤发幽香。

你看，一场及时雨后，到了芒种时节，田野里人们都在忙着插秧。刚收割的新麦面香喷喷的，水塘里传来采菱的歌声，好一幅欢乐的农家乐景象。

听呀，庭院里鸟儿唱出婉转的歌声。

瞧吧，藤萝的花开了，散发出一阵阵幽香，呈现出芒种时节的特殊风光。

『芒种植物』

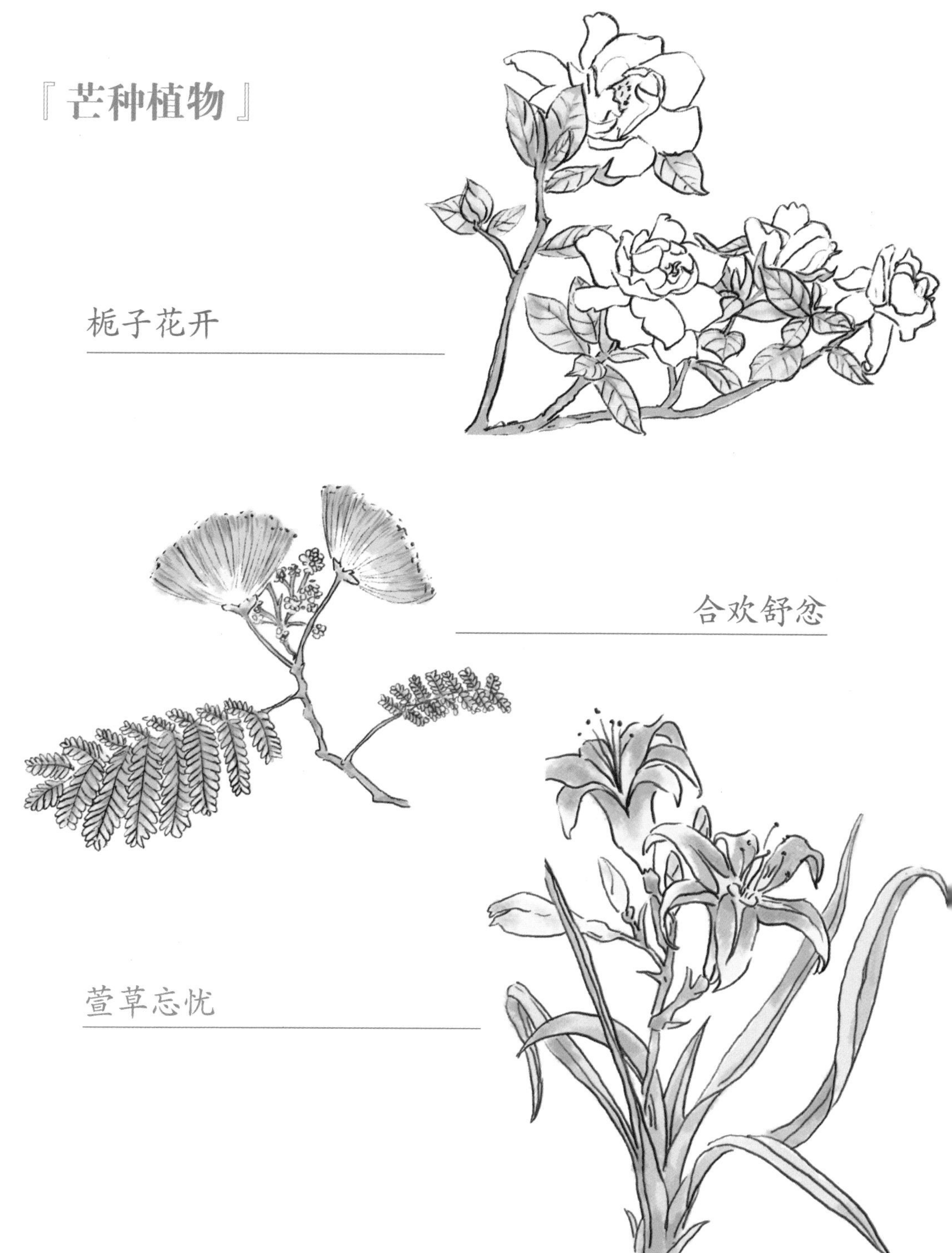

农业生产活动

芒种时节的农事活动，主要是收割小麦、抢种晚稻、管好秧苗。此时处在夏收、夏种、夏管的“三夏”时节。

“三夏”生产的要领是抢收、抢种、抢打、抢管，即“四抢”。

抢打是说在抢收以后，要抓紧时间赶快打场脱粒，在夏至以前必须打完场，正如农谚所说 “拉到场里算一半，装到囤里才收完”。抢管是指在进行这些农活时，还必须加强田间管理，及时定苗、锄草、保墒（即耙地、中耕，保持土壤的水分），确保农作物顺利生长发育。

农民抢种晚季水稻

谚语

· 芒种忙两头，忙收又忙种。

· 收麦如救火，龙口把粮夺。

· 芒种不种，过后落空。

· 芒种麦登场，秋耕紧跟上。

传统习俗

端午节

农历五月初五是端午节，一般在芒种节气前后。在这个节日里，人们包粽子、吃粽子、赛龙舟，纪念伟大的爱国诗人屈原，一派热热闹闹的景象。另外，在这一天，家家户户在门口挂起新鲜的具有药用价值的艾草、菖蒲，以祈求健康平安。

1

2

3

4

戴香包

在芒种节气到来时，大人会给孩子制作香包。五色丝线缠绕的香包，里面装着雄黄、熏草、艾叶等各种各样的香料、药草，挂在孩子们的胸前，既好看，又有防病健身的作用。

香包制作过程：

1. 准备好香料、五色丝线和带刺绣图案的手帕；2. 将手帕对折，再对折，用针线将对折后的手帕四边缝起来，只留一个小口用于填充香料；3. 将香料装入缝好的香包，再将填充料口缝合；4. 用五色丝线捆扎香包。

送花神

芒种这一天是送花神的日子。人们在农历二月初二花朝节迎花神。到了农历五月间，百花开始凋零，所以人们在这一天祭祀花神，饯送花神归位，盼望明年再相会。

节气故事会

『端午节的故事』

1. 大家都知道，端午节与伟大的爱国诗人屈原有关。屈原生活在战国时期，是楚国的大夫。他劝说楚怀王联合齐国共同抗秦，可是楚怀王不听。

2. 屈原眼见国家衰落，一次次劝国王远离小人，收罗人才，操练兵马。奸臣们把他看作眼中钉，非拔去不可，勾搭起来在国君面前说他的坏话。国君生气了，就把他赶得远远的。

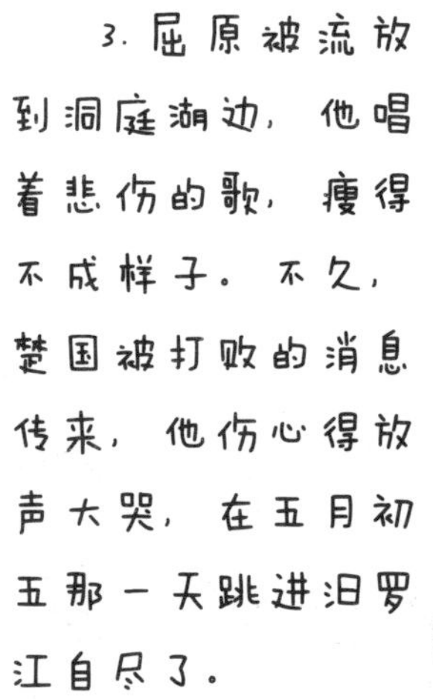

3. 屈原被流放到洞庭湖边，他唱着悲伤的歌，瘦得不成样子。不久，楚国被打败的消息传来，他伤心得放声大哭，在五月初五那一天跳进汨罗江自尽了。

4. 屈原跳水牺牲后，为了不让他被鱼吃掉，人们连忙划着小船，把米饭撒在水里，还把米饭包成粽子祭奠他。端午节划龙船、吃粽子的习俗，就是这样来的。

夏至

阳光直射北回归线，这是北半球一年中最长的一个白天。

中国人说，现在已经进入仲夏了。

外国人说，夏天今天才刚刚开始。

关于夏至

夏至是“五月中”，农历二十四节气中的第十个节气。此时太阳运行到黄经 90° 。时间点在 6 月 20 日至 22 日，处在“三夏”的仲夏阶段。夏至日，太阳直射地面的位置到达一年中的最北端，直射北回归线，北半球白昼时间达到全年最长，之后太阳直射点逐渐南移，北半球白昼逐渐变短，因此我国很多地方有 “吃过夏至面，一天短一线”的说法。夏至节气，全国大部分地区气温较高，日照充足，频繁的雷雨对农业生产和居民生活影响较大。

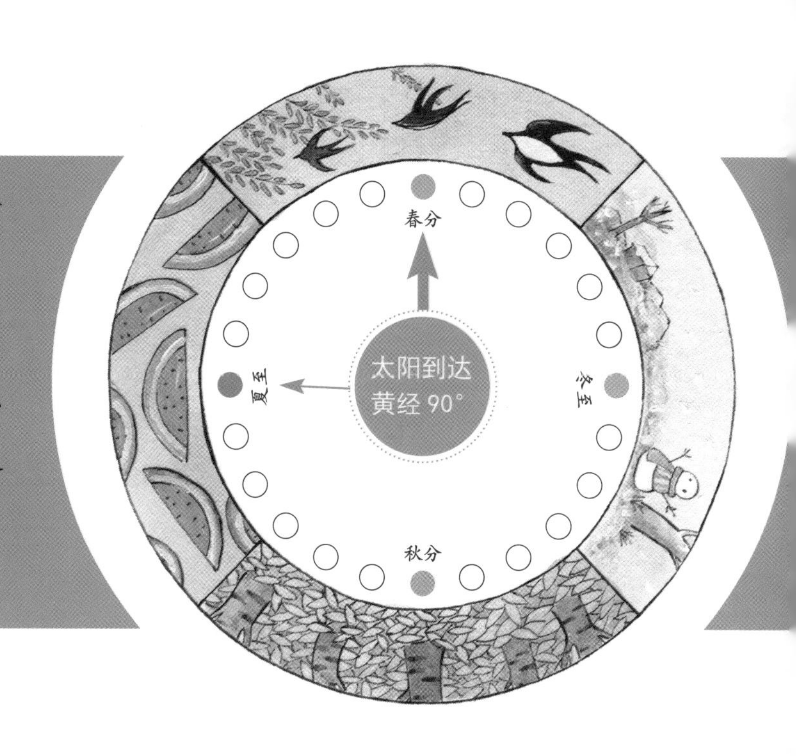

『夏至三候』

初候　鹿角解

鹿角一般指鹿已骨化的老角，在每年夏至日前后便开始自然脱落。它有很高的药用价值。

二候　蜩始鸣

蜩就是蝉。夏至后，雄蝉鼓起腹部，开始躲在树上无休止地鸣叫。原来雄蝉腹部有发音器，能连续不断发出尖锐的声音。

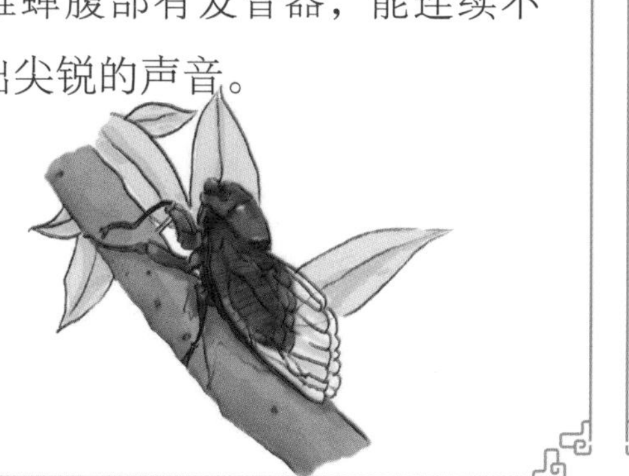

三候　半夏生

半夏是一种喜阴的药草，立夏时节生长在沼泽地或水田中。由此可见，在炎热的仲夏，一些喜阴植物开始出现。

『节气散文诗』

夏至节气有什么特点？

《月令七十二候集解》说 “万物于此皆假大而至极也”，也就是说，所有的生命在这个时候都发展到了极点，是一年中生命力最旺盛的阶段。

夏至节气是什么样子？

请看晚唐名将、诗人高骈写的一首诗：

> **山亭夏日**
>
> 绿树阴浓夏日长，楼台倒影入池塘。
>
> 水晶帘动微风起，满架蔷薇一院香。

你看，长悠悠的夏天日子里，浓郁郁的树荫，清亮亮的池塘，幽静的庭院，多么美丽。这时候，只要一阵微风吹来，院子里就到处弥漫着蔷薇花香。

夏至时节正是江南梅子黄熟期。听着窗外淅淅沥沥的夜雨和连绵不绝的蛙声，一个人在园亭的油灯下，噼啪噼啪下围棋，多么有趣呀！

这就是夏至前后的情况。

『夏至植物』

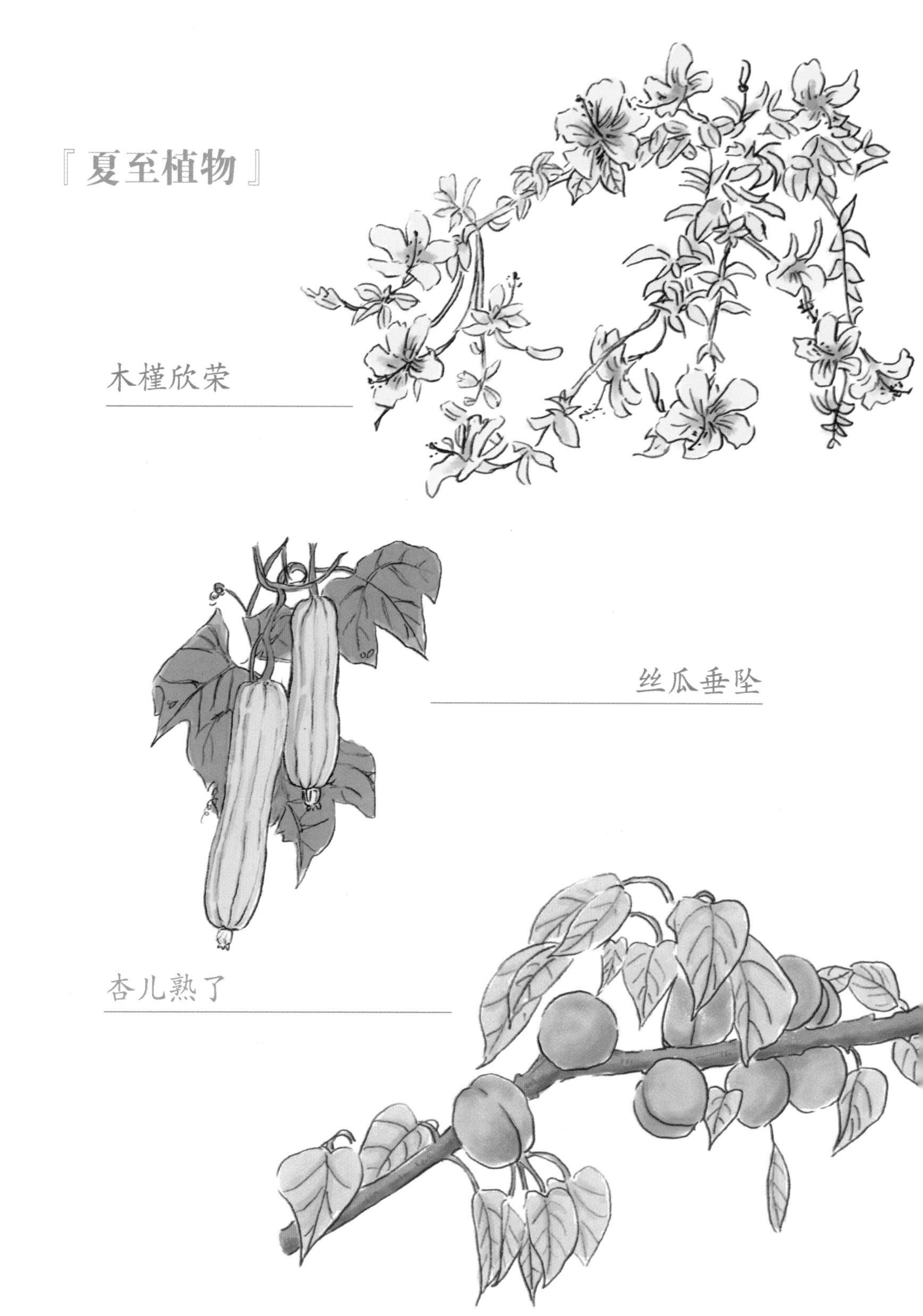

农业生产活动

夏至时节，长江中下游地区正处在梅雨天气中，北方的黄河下游平原雨水也增多了。全国大多数地方不仅闷热，而且会有暴雨，应该注意防洪排涝。

这时候，庄稼生长很快，杂草生长也快，还会出现病虫害，所以整枝打杈、中耕除草、防治病虫、清沟排水等田间管理非常重要。

清沟排水

玉米田间管理

谚语

- 日长长到夏至，日短短到冬至。
- 夏至有雷六月旱，夏至逢雨三伏热。
- 夏至东风摇，麦子水里捞。
- 夏至种芝麻，头顶一朵花；
  立秋种芝麻，老死不开花。

传统习俗

吃夏至面

自古以来，我国各地有“冬至饺子夏至面”的习俗。在夏至这一天，家家户户吃夏至面。长长的面条，象征夏至的白天最长。实际上，这时候新麦上场了，吃一碗新麦做的面条，又好吃又吉利呀！

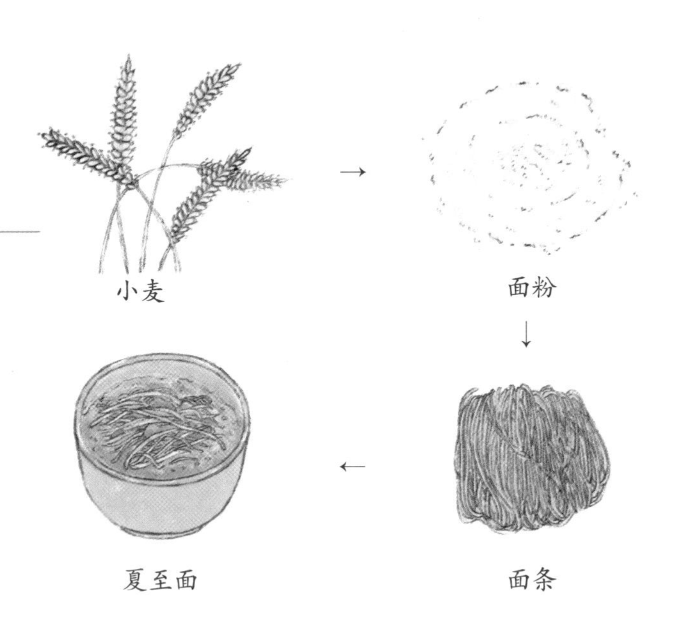

祭神祀祖

自古以来，我国有夏至日祭神祀祖的习俗，一来感谢天赐丰收，二来祈求获得“秋报”。明清时期，夏至这一天，皇帝会带领文武百官到北京地坛祭祀土地神，老百姓也会到土地庙拜土地菩萨。虽然我们不到土地庙拜土地菩萨，但是要爱护土地资源，确保粮食能年年丰收。

消夏避伏

以前，我国很多地方有夏至日互相赠送折扇、脂粉等消夏避暑物的习俗。折扇用来扇风驱热。脂粉可以涂抹在身上，以驱散体热，防止生痱子。在古代，宫廷会在夏至之后，拿出“冬藏夏用”的冰块消暑降温。

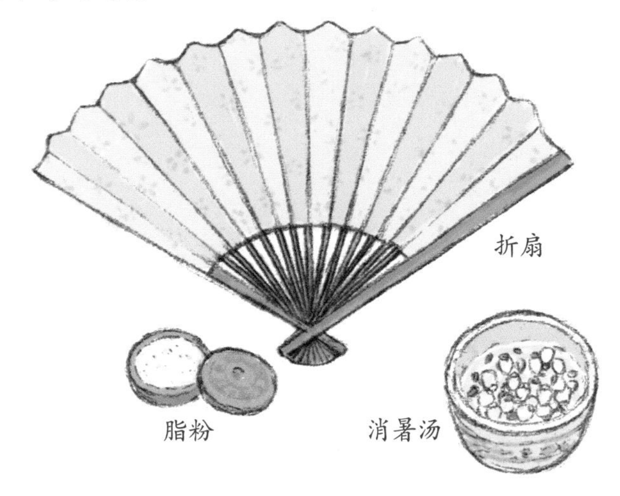

节气故事会

『杯弓蛇影的故事』

1. 东汉时期，学者应劭的爷爷应郴在汲县做县令。有一年夏至日，应郴请主簿（协理文书事务的官员）杜宣喝酒。

2. 杜宣拿起酒杯一看，瞧见杯子里似乎有一条小蛇，弯曲的身子，好像还在动呢。可是县令请他喝酒，他不敢不喝，只得硬着头皮喝了几口。他回家后觉得肚皮痛得要命，认为这是喝下了那条小蛇引起的。

3. 过了几天，杜宣又来到应郴家中，东看西看，这才瞧见墙上挂着一张红色的弯弓。他心想：是不是这个弯弓的影子映在酒杯里呢？

4. 为了解除心里的疑惑，杜宣又在原处放一个酒杯，杯子里又显现出一条神秘的蛇影。他仔细一看，果然是墙上弯弓的影子。哈哈哈，这是自己吓唬自己呀！杯弓蛇影的故事就这样流传下来了。

小暑

绿树浓荫，时至小暑。

噢，天气热了，却还不是最热的时候。

小暑、小暑，就是小小的暑热嘛。

虽然已是盛夏，体感炎热，但还未到一年中最热的时候呢。

关于小暑

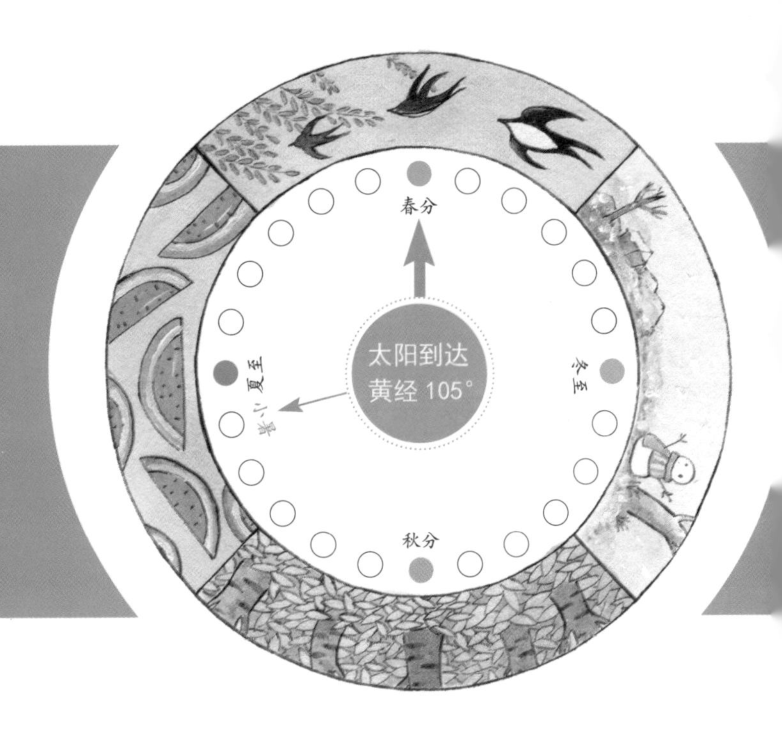

小暑是“六月节”，农历二十四节气中的第十一个节气。此时太阳运行到黄经105° 。时间点在7月6日至8日，正是“三夏”中的季夏开始之时。“暑”指炎热，“小”指热的程度。小暑是指天气开始炎热，但还没到一年中最热的阶段。小暑的标志是出梅、入伏。这时，南方的梅雨结束，人们常说的“三伏天”登场了。这个时节，人们应当减少外出，多吃清凉消暑的食物，注意对身体的养护。

『小暑三候』

初候　温风至

小暑节气，大地上不再有一丝凉风，而是所有的风中都带着热浪。

二候　蟋蟀居壁

蟋蟀就是蟋蟀。由于天气太热，它们离开田野，到庭院的墙角避暑。这时候人们在自家墙角能听到它们的叫声。

三候　鹰始鸷

因地表温度太高，老鹰选择搏击长空，变得更加凶猛。

『节气散文诗』

小暑节气是什么样子？

请看唐代诗人元稹的一首诗：

小暑六月节

倏忽温风至，因循小暑来。

竹喧先觉雨，山暗已闻雷。

户牖深青霭，阶庭长绿苔。

鹰鹯新习学，蟋蟀莫相催。

你看，一阵热风忽然吹来，表示小暑来了，一会儿雨，一会儿雷，天气的确发生变化了。门板潮湿了，院子里长出了青苔。凶残的老鹰要抓猎物了，蟋蟀也钻出来，发出一阵阵急促的鸣叫。

你瞧，人们听着竹林里的鸟叫，听着雨声，嗅着一阵阵晚风传送来的荷叶香气，日子过得多美呀！

小暑期间，南方的梅雨期已经结束。不论南方还是北方，盛夏全面开始。这时节，北方雨水多，而南方进入伏旱期。在南方，由于水稻生长的需要，小暑期间的雨很珍贵，有“伏天的雨，锅里的米”的说法。

『小暑植物』

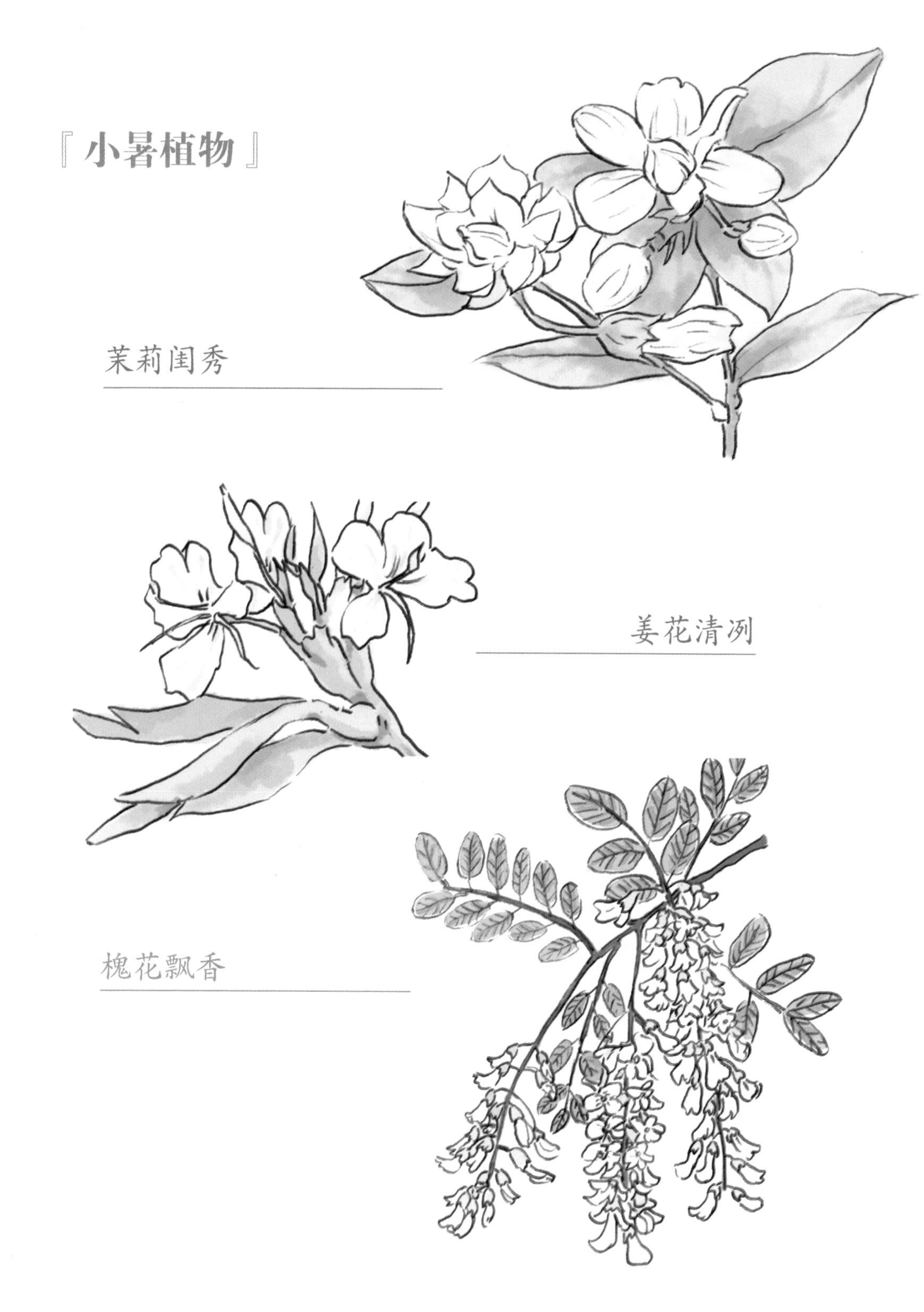

农业生产活动

小暑时节，天气热，雨水多，阳光很充足，是万物生长最茂盛的时候。全国大多数地方的大秋作物已经基本播种结束，剩下的就是做好夏秋收作物的田间管理，比如加紧追肥浇水、耧地培土、防治虫害等。

“小暑天气热，棉花整枝不停歇。”此时我国大部分棉区的棉花开始开花结铃，生长最为旺盛，要及时整枝、打杈、去老叶，确保棉花增产。

人们说：“头伏萝卜二伏菜，三伏还能种荞麦。”这个时候要注意栽培的重点哦。

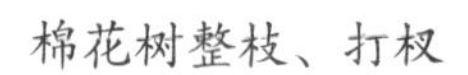

棉花树整枝、打杈

花蕾

花铃

吐絮

谚语

· 小暑过，一日热三分。

· 小暑大暑，上蒸下煮。

· 小暑不热，五谷不结。

· 小暑雨如银，大暑雨如金。

传统习俗

吃饺子

北方人说："头伏饺子，二伏面，三伏烙饼摊鸡蛋。"头伏吃饺子是我国很多地方的传统习俗。伏天里，人们容易食欲不振，而饺子正是开胃解馋的食物。

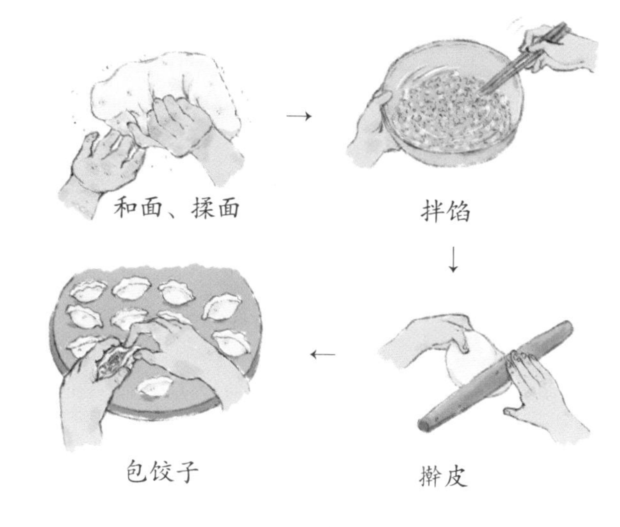

包饺子的过程

看萤火虫

小暑来了，萤火虫也开始活跃起来。孩子们在田野中、树林里，追着亮光闪闪的萤火虫，多么有趣呀！

"晒伏"防潮

小暑时节雨水多，室内物品容易受潮发霉，所以趁着阳光充足的天气，把家里的衣服、棉被和书本等物品拿出来晒一晒。传说农历"六月六"（正值小暑）是龙宫晒龙袍的日子，因此很多地方流传着"晒伏"的习俗。

节气故事会

『扔百索子的故事』

1. 这个故事和牛郎、织女有关。相传天上的牛郎和织女被银河分割在两岸，一年中只有农历七月初七这一天可以相会。可是宽广的银河上没有桥，也没有船，怎么才能过去呢？

2. 孩子们十分同情他们，就在农历六月初六这一天，把百索子扔上屋顶，让喜鹊衔着飞上天。

3. 这样，银河上架起了一座像彩虹一样的特殊鹊桥，帮助牛郎和织女跨过银河见面。

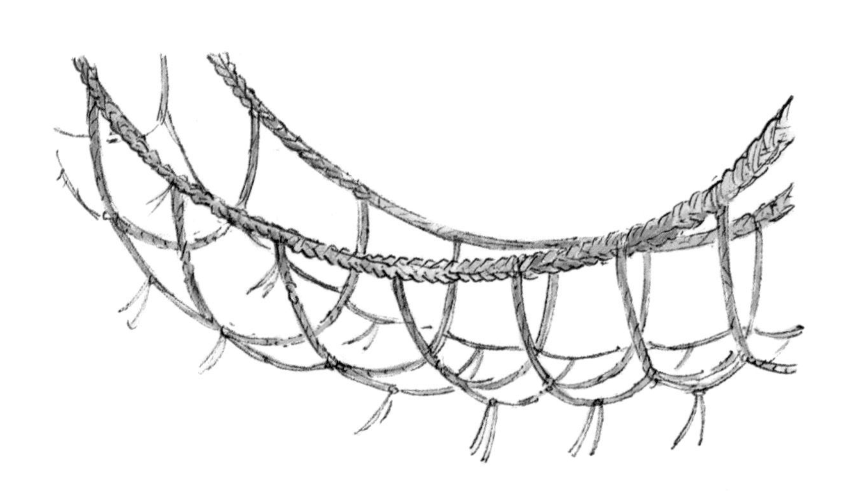

4. 百索子是什么？它是端午节戴在手上，图个吉利的一种小玩意儿。一个百索子算不了什么，千千万万个连接起来，就能穿过银河啦！

大暑

热呀！热呀！天气更热了，这是一年中最热的时候。

知了，知了，不停叫，似乎提醒人们赶快去大树底下乘凉。

瞧，小孩子们随着大人一起来到小溪边，游泳跳水，可有趣啦！

关于大暑

大暑是“六月中”，农历二十四节气中的第十二个节气。此时太阳运行到黄经120°。时间点在7月22日至24日，处在“三夏”的季夏阶段。大暑节气正值“三伏天”里的“中伏”前后，是一年中日照最多、气温最高的时期，喜热作物生长速度最快，同时，很多地区的旱、涝、风灾等各种气象灾害也最为频繁。大暑期间，中国民间有饮伏茶、晒伏姜、烧伏香、喝羊肉汤等习俗。

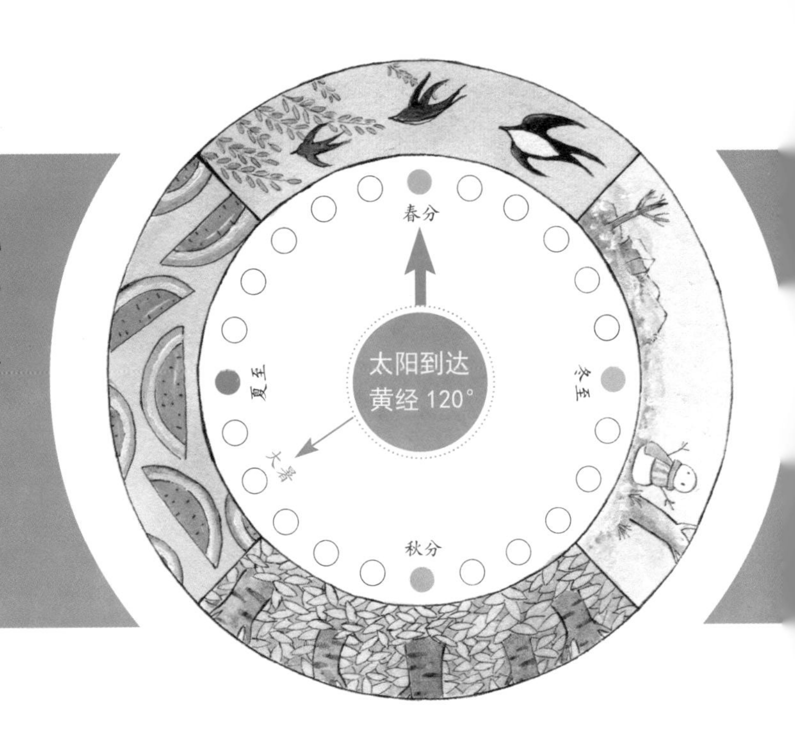

『大暑三候』

初候　腐草为萤

萤火虫栖息在温暖潮湿、草木繁盛的地方，古人误以为它是由腐草变成的。人们到处避暑，而萤火虫选择在最热的时节出来。

二候　土润溽暑

这时候天气闷热，土地潮湿，整个大地好像一个巨大的蒸笼，影响着人的心情和健康，但是庄稼的长势让人对生活充满希望。

三候　大雨时行

大暑是雷雨天气横行的时节。到了大暑后期，每一场雷雨之后，热气似乎都会悄悄减弱一些。

『节气散文诗』

大暑时节是什么样子？

你看，天上没有一片云，一丁点儿雨水也没有。汗水浸湿了衣服，人们耷拉着脑袋，喘不过气来，热得真够呛！

这时候到底有多热？请看南宋诗人曾几的一首诗：

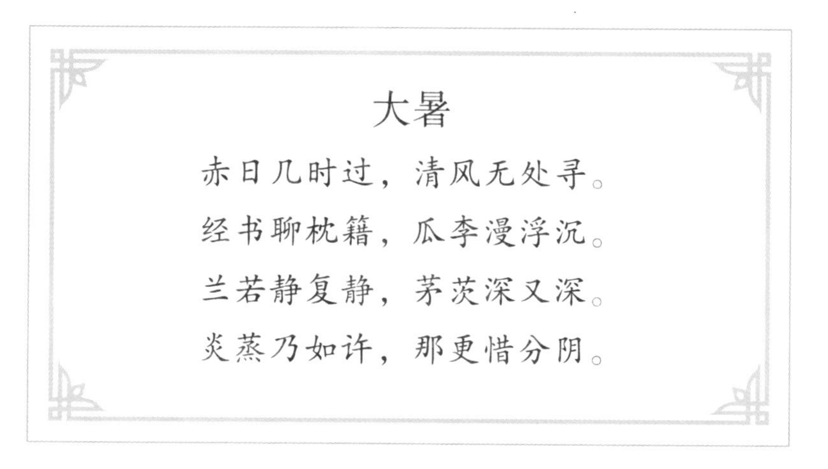

大暑

赤日几时过，清风无处寻。
经书聊枕籍，瓜李漫浮沉。
兰若静复静，茅茨深又深。
炎蒸乃如许，那更惜分阴。

他无奈地叹气说，火辣辣的红太阳什么时候才落山呀？风儿找也找不着。眼前只有浸泡在凉水里的瓜呀果的，热得简直没有心情看书。书房这么安静，茅屋这样幽深，还热成这个样子，怎么受得了呀？

话又说回来，尽管这个时候很热，可风光还是很美的。南宋诗人杨万里的诗句“接天莲叶无穷碧，映日荷花别样红”，恰如其分地描绘出此时的美景。

『大暑植物』

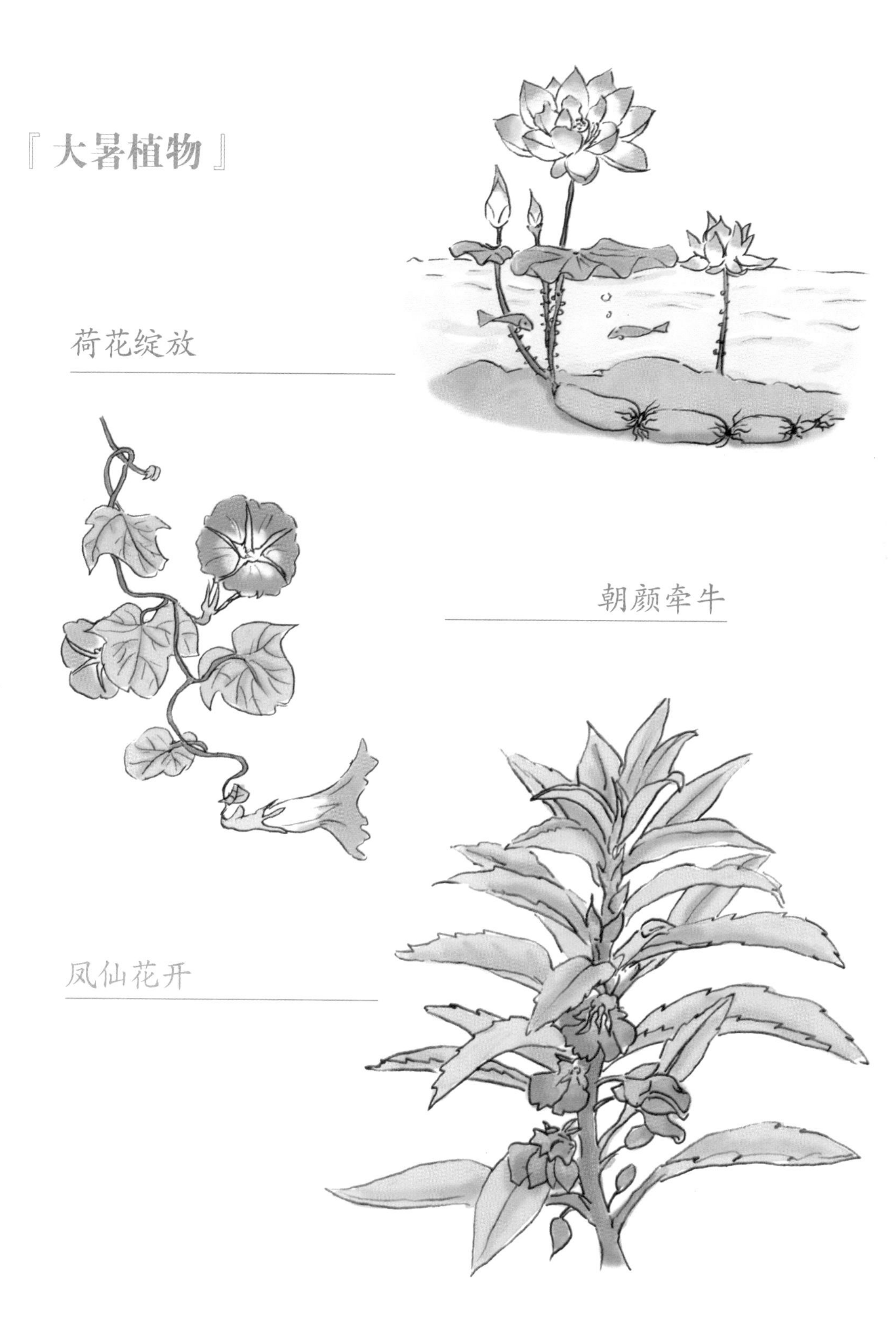

农业生产活动

大暑节气是喜热作物生长速度最快的时期，抢收早稻、抢种晚稻的“双抢”活动非常紧张。酷暑盛夏，水分蒸发特别快，尤其是长江中下游地区正值伏旱期，生长旺盛的作物对水分的要求更为迫切，真是“小暑雨如银，大暑雨如金”，应该做好抗旱工作。

农民伯伯说：“大暑前，小暑后，两暑之间种绿豆。”大暑种绿豆、深锄草，都是人们长期积累的生产经验。

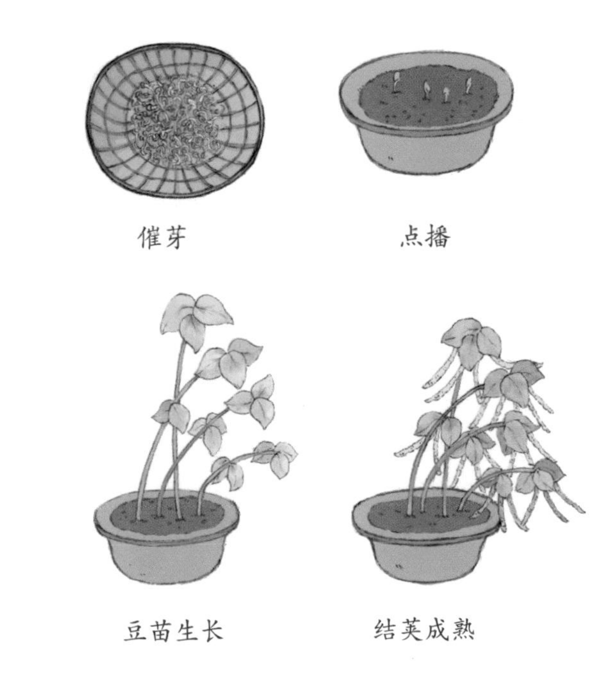

花盆种绿豆

谚语

- 大暑到，暑气冒。
- 大暑前后，衣服湿透。
- 大暑无汗，收成减半。
- 大暑没雨，谷来无米。

传统习俗

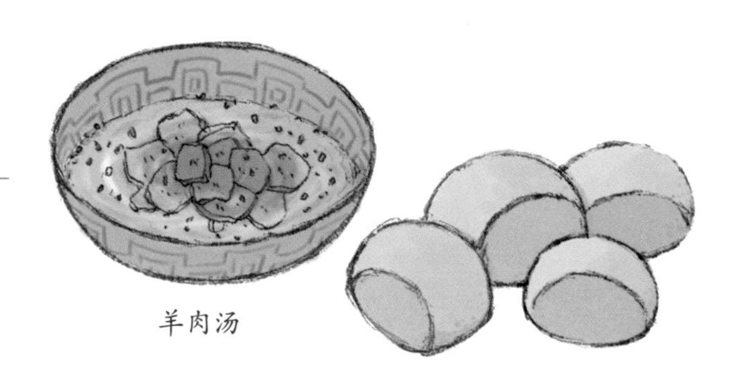

喝暑羊

华北地区有在大暑这一天喝暑羊（即喝羊肉汤）的习俗。经过紧张的夏收劳动，人们非常疲倦，应该好好休息一下了。于是，全家聚在一起，每人吃一个香喷喷的新麦馍馍，喝一碗味道鲜美的羊肉汤。

半年节

农历六月十五日为全年的一半，正值大暑节气，叫“半年节”。一家人在这一天拜完神明后，会聚在一起吃“半年圆”。半年圆是用糯米磨成粉再和上红面搓成的，大多会煮成甜食来品尝，象征着团圆与甜蜜。

斗蟋蟀

大暑是乡村田野蟋蟀最多的时节，我国很多地区的人们有茶余饭后斗蟋蟀取乐的风俗。大人会先带着小孩到田野里抓蟋蟀，然后到大树底下玩起斗蟋蟀的游戏，可有趣了。

『送“大暑船”的故事』

1. 在清朝同治年间，浙江沿海一带常常有瘟疫流行，在大暑时节尤为严重。这是怎么一回事？

2. 老人说，准是“五圣”造成的。这“五圣”是谁？其实是五个凶神。惹不起，躲得起。大伙儿没法离开家乡，为了保一方平安，就想着在大暑这个日子把他们送走。

3. 到了大暑，人们用一只船，装载着猪肉、羊肉、米等食物，还有各种各样的生活用品和武器，敲锣打鼓，把这五个凶神送走，让他们别在这儿捣乱。

4. 这艘特殊的“大暑船”，由两名有经验的船老大驾驶。他们要趁着落潮的时机出海，好让“大暑船”赶快漂得远远的。直到船漂得无影无踪，才算真正被“五圣”接受，算得上大吉大利。

节气游戏

夏

到了考验眼力的时候了，你能找出两幅画中的五处不同吗？

采莲谣

1=F $\frac{6}{8}$
活跃地

作词：韦瀚章
作曲：黄自

(3 4 5 5̇ 3̇ | 3 4 5 5̇ 3̇ | 3 4 5̇ 3̇ i̇ | i̇ 6 4 3 2 | 1. 1.) |

p
3 4 5. | 3 6 5. | 3 6 5 3 | 1 3 2. | 2 3 4. |
夕 阳 斜 晚 风 飘 大 家 来 唱 采 莲 谣 红 花 艳

3 4 5. | 5 i̇ 7 5 | 6 7 5. | *p* 2 2 2.3 4 | 3.4 6 5. |
白 花 娇 扑 面 清 香 暑 气 消 你 划 桨 我 撑 篙

mf
2 2 2.3 4 | 3.4 6 5. | 3 4 5. | 6 7 i̇. | i̇ 6 5.3 1 |
欸 乃 一 声 过 小 桥 船 行 快 歌 声 高 采 得 莲 花

4.3 2 1. | 1. 0 0 ‖
乐 陶 陶

采莲谣

词：韦瀚章

曲：黄自

夕阳斜，晚风飘，
大家来唱采莲谣。
红花艳，白花娇，
扑面清香暑气消。
你划桨，我撑篙，
欸乃一声过小桥。
船行快，歌声高，
采得莲花乐陶陶。

扫码获取
免费音频资源
（音乐：童声+合唱）

晒一晒你所关注到的夏天